BEI GRIN MACHT SICH IHR WISSEN BEZAHLT

AF153538

- Wir veröffentlichen Ihre Hausarbeit,
  Bachelor- und Masterarbeit

- Ihr eigenes eBook und Buch -
  weltweit in allen wichtigen Shops

- Verdienen Sie an jedem Verkauf

Jetzt bei www.GRIN.com hochladen
und kostenlos publizieren

GRIN

Untersuchung und Herstellung eines Bodenverbesserungsmittels aus Kompostreststoffen gemischter Abfälle. Für landwirtschaftliche Anbauflächen in der Küstenregion Mosambiks

Falk Schönherr

Bibliografische Information der Deutschen Nationalbibliothek:

Die Deutsche Nationalbibliothek verzeichnet diese Publikation in der Deutschen Nationalbibliografie; detaillierte bibliografische Daten sind im Internet über http://dnb.d-nb.de abrufbar.

ISBN: 9783346642868
Dieses Buch ist auch als E-Book erhältlich.

© GRIN Publishing GmbH
Nymphenburger Straße 86
80636 München

Druck und Bindung: Books on Demand GmbH, Norderstedt Germany
Gedruckt auf säurefreiem Papier aus verantwortungsvollen Quellen

Das vorliegende Werk wurde sorgfältig erarbeitet. Dennoch übernehmen Autoren und Verlag für die Richtigkeit von Angaben, Hinweisen, Links und Ratschlägen sowie eventuelle Druckfehler keine Haftung.

Das Buch bei GRIN: https://www.grin.com/document/1192419

Vorwort

Dieses Buch „Untersuchung und Herstellung eines Bodenverbesserungsmittels aus Kompostreststoffen gemischter Abfälle für landwirtschaftliche Anbauflächen in der Küstenregion Mosambiks" basiert auf dem Forschungsprojekt „Kreislaufwirtschaft Organik Mosambik", welches im Jahr 2016 am Fachbereich Architektur und Bauingenieurwesen der Hochschule RheinMain durchgeführt wurde. Finanziert wurde das Projekt aus Zentralmitteln der Hochschule RheinMain. Kooperationspartner waren die Katholische Universität Mosambik, das in Beira ansässige Unternehmen TerraNova und die Beira Stadtverwaltung. Ein ganz herzlicher Dank gilt meinem Co-Projektleiter und geschätztem Kollegen Professor Ulrich Boeschen sowie Steffen Bäurle für die wissenschaftliche Durchführung und Berichterstellung.

Professor Dr. Falk Schönherr

Inhaltsverzeichnis

1 Einleitung 3

2 Probennahme 4

3 Ergebnisse der Bodenanalysen 6

 3.1 Ergebnisse der Nährstoffanalysen 6

 3.2 Ergebnisse der Schadstoffanalysen 6

4 Auswertung und Diskussion der Analyseergebnisse 11

 4.1 Auswertung und Diskussion der Nährstoffanalysen 11

  4.1.1 Bor 11

  4.1.2 Eisen 12

  4.1.3 Kalium 12

  4.1.4 Kupfer 13

  4.1.5 Magnesium 14

  4.1.6 Mangan 14

  4.1.7 Phosphor 15

  4.1.8 Zink 15

  4.1.9 pH-Wert 16

  4.1.10 Stickstoff 16

  4.1.11 Fazit der Auswertung und Diskussion der Nährstoffanalysen 17

 4.2 Auswertung und Diskussion der Schadstoffanalysen 19

  4.2.1 Arsen 19

  4.2.2 Blei 19

  4.2.3 Cadmium 20

  4.2.4 Chrom 21

  4.2.5 Kupfer 22

  4.2.6 Nickel 22

  4.2.7 Quecksilber 23

  4.2.8 Thallium 24

  4.2.9 Fazit der Auswertung und Diskussion der Schadstoffanalysen 24

5 Zusammenfassung 25

6 Quellenverzeichnis 26

1 Einleitung

In der Küstenregion Mosambiks herrschen schwach entwickelte und humus- und nährstoffarme Böden vor. Aufgrund ihres geringen Wasserbindevermögens verbleiben eingesetzte mineralische Kunstdünger nur kurzzeitig in den Böden und bieten deshalb dort auch nur eine begrenzte Düngewirkung. Diese muss durch häufigeres oder intensiveres Aufbringen von Kunstdüngern kompensiert werden, was wiederum Grund- und Oberflächengewässer verstärkt belastet.

Abhilfe verspräche ein nährstoff- und zugleich humusreiches Bodenverbesserungsmittel: Durch die Humusbestandteile würde das Wasserbindungsvermögen erhöht und durch die Nährstoffbestandteile der zusätzliche Kunstdüngereinsatz verringert. Aufbereiteter Kompost eignet sich prinzipiell als ein solches Bodenverbesserungsmittel.

Mosambiks gesammelte Mischabfälle weisen einen organischen Anteil bis zu 70% auf und eignen sich daher potenziell nach einer Kompostierung als Bodenverbesserungsmittel in der Landwirtschaft. Fraglich ist, ob Schadstoffe im Abfall die Substratqualität beeinträchtigen. In einem Probebetrieb wird derzeit die Kompostierung gemischter Abfälle praktiziert (vgl. Abbildung 1). Das erzeugte Substrat wird bei der Pflege von Grünflächen in der Stadt Beira eingesetzt und auch in der Landwirtschaft sowie im Gartenbau (vgl. Abbildung 2) verwendet.

Im Rahmen dieses Forschungsprojektes wird der Nachweis der Herstellung eines qualitätsgesicherten Kompostes aus gemischten Abfällen im Rahmen wirtschaftlicher und organisatorischer Möglichkeiten in der Küstenregion Mosambiks wissenschaftlich begleitet. Dafür wird zunächst der Nährstoff- und Schadstoffgehalt im Kompost untersucht und hinsichtlich Nutzens und Risiko bewertet.

Abbildung 1 - Kompostpraxis in Mosambik (Foto: Boeschen 2015)

Abbildung 2: Pflanzungen mit Komposteinsatz in der Nähe von Beira (Foto: Boeschen 2015)

2 Probennahme

Im Mai 2016 fanden in Beira Absprachen mit der Katholischen Universität Mosambik (Beira, Fakultät für Wirtschaft) und dem Unternehmen TerraNova (Beira) Probennahmen von Komposten und Gartenerden statt. Der Betreiber der Kompostierungsanlage (TerraNova) beschrieb die Einsatzstoffe (Mischabfälle mit und ohne Additive) für die jeweiligen Substratproben und stellte diese zur Verfügung. Die zu untersuchenden Gartenerden wurden in einem Pflanzgarten eines Internats gewonnen. Die Gärtner des Internats beschrieben den Einsatz von Bodenverbesserungsmitteln auf den Anbauflächen und unterstützten die Probennahme.

Tabelle 1: Zusammenstellung der als Proben untersuchten Substrate

Proben-Nr.	Bezeichnung der Probe	Kürzel
1	Kompost aus Mischabfällen an Probenahmestelle 1	Co Ort 1
2	Kompost aus Mischabfällen an Probenahmestelle 2	Co Ort 2
3	Kompost aus Mischabfällen mit vielen Fäkalien aus Senkgruben (Latrinen)	Co 8 (Co+FF)
4	Kompost aus Mischabfällen mit Fäkalien aus Senkgruben (Latrinen) und Urin	Co 6 (Co+F)+U
5	Kompost aus Mischabfällen mit wenig Fäkalien aus Senkgruben (Latrinen)	Co 3 (Co+F)
6	Gartenerde mit erstem Jahr Komposteintrag	G + 1Co
7	Gartenerde mit drei Jahren Komposteintrag	G + 3Co
8	Gartenerde mit Kuhmist	G + Kuh
9	Probe wurde in Mosambik verworfen, daher fehlt Zahl 9 in der Nummerierung	
10	Gartenerde ohne Kompost	G

Als Nährstoffe werden die Parameter Bor, Eisen, Kalium, Kupfer, Magnesium, Mangan, Phosphor, Zink sowie der pH-Wert herangezogen, als Schadstoffe die Parameter Aluminium, Arsen, Blei, Cadmium, Chrom, Kupfer, Nickel, Quecksilber und Thallium. Alle Parameter wurden im Landesbetrieb Hessisches Landeslabor (LHL) untersucht und sind in Tabelle 2 zusammengestellt. Der Stickstoffgehalt der Proben kann nur anhand von Erfahrungswerten geschätzt werden, da eine exakte Bestimmung im Labor eine sofortige Kühlung der Proben erfordern würde, was sich nicht gewährleisten ließ.

Die Proben wurden bei Temperaturen von 20° bis 35°C aufbewahrt und zur Laboranalyse in Deutschland transportiert. Die Einfuhr der Proben erfolgte gemäß Antrag auf *Einfuhr/Verbringen von Schadorganismen, Pflanzen, Pflanzenerzeugnissen und anderen Gegenständen zu Versuchs-, Forschungs- und Züchtungszwecken* gemäß der Richtlinie 2008/61/EG der Kommission vom 17. Juni 2008 und wurde durch den Pflanzenschutzdienst Regierungspräsidiums Gießen genehmigt. Erforderlich war, dass die Proben vor der Untersuchung getrocknet und nach der Untersuchung alle Proben im Glühofen vernichtet wurden.

Tabelle 2: Übersicht der untersuchten Parameter und deren Prüfmethode

Parameter	Einheit	Prüfmethode
Aluminium (Al)	mg/kg	DIN EN ISO 11885
Arsen (As)	mg/kg	DIN EN ISO 11885
Blei	mg/kg	DIN EN ISO 17294-2
Bor (CAT)	mg/kg	DIN EN ISO 17294-2
Chrom	mg/kg	DIN EN ISO 17294-2
Cadmium	mg/kg	DIN EN ISO 17294-2
Eisen (CAT)	mg/kg	DIN EN ISO 11885
Kalium (K_2O)	mg/100g	VDLUFA MB Bd 1, A 6.2.1.1
Kupfer	mg/kg	DIN EN ISO 17294-2
Mangan (CAT)	mg/kg	DIN EN ISO 11885
Magnesium (Mg)	mg/100g	VDLUFA MB Bd 1, A 6.2.1.1
Molybdän (CAT)	mg/kg	DIN EN ISO 17294-2
Nickel (Ni)	mg/kg	DIN EN ISO 11885
Phosphor (P_2O_5)	mg/100g	VDLUFA MB Bd 1, A 6.2.1.1
pH-Wert		VDLUFA MB Bd 1, A 5.1.1
Quecksilber (Hg)	mg/kg	DIN EN ISO 12338
Thallium	mg/kg	DIN EN ISO 17294-2
Zink (Zn)	mg/kg	DIN EN ISO 17294-2

3 Ergebnisse der Bodenanalysen

3.1 Ergebnisse der Nährstoffanalysen

Wie erwähnt wurden die Proben auf die Bodennährstoffe Bor, Eisen, Kalium, Kupfer, Magnesium, Phosphor, Zink, Mangan sowie der pH-Wert untersucht und gemessen. Der Stickstoffgehalt der Proben kann nur anhand von Erfahrungswerten geschätzt werden. Eine exakte Bestimmung im Labor erfordert eine sofortige Kühlung der Proben. Dies war vor Ort nicht möglich.

Zur Bewertung der Ergebnisse soll der Vergleich mit den folgenden Boden-Grenzwerten gezogen werden (vgl. Unterkapitel 4.1):

- Bioabfallverordnung (BioAbfV)
  § 4 (3) Grenzwerte Schadstoffe, § 6 Zulässige Aufbringmengen
- Richtwerte für die Untersuchung und Beratung sowie zur fachlichen Umsetzung der Düngeverordnung (DüV) - Gemeinsame Hinweise der Länder Brandenburg, Mecklenburg-Vorpommern und Sachsen-Anhalt mit Bezug der Richtwerte der Länder Thüringen und Sachsen
  - o *Land min* = sehr starke Düngebedürftigkeit
  - o *Land max* = schwache Düngebedürftigkeit bzw. Erhaltungsdünung

Eine Übersicht der Ergebnisse der Laboranalysen und der Boden-Grenzwerte zeigen Tabelle 3 und Abbildung 3.

3.2 Ergebnisse der Schadstoffanalysen

Wie erwähnt wurde der Boden auch auf die Schadstoffe Arsen (As), Aluminium (Al), Blei (Pb), Chrom (Cr), Cadmium (Cd), Kupfer (Cu), Nickel (Ni), Quecksilber (Hg), Thallium (Tl) untersucht und gemessen.

Zur Bewertung der Ergebnisse soll der Vergleich mit den folgenden Boden-Grenzwerten gezogen werden (vgl. Unterkapitel 4.2):

- Bioabfallverordnung (BioAbfV)
  § 4 (3) Grenzwerte Schadstoffe, § 6 Zulässige Aufbringmengen
  - o bis 20t/ha in 3 Jahren aufgebrachtes Material
  - o bis 30t/ha in 3 Jahren aufgebrachtes Material
- Bundes-Bodenschutz- und Altlastenverordnung (BBodSchV)
  Anhang 2 Punkt 2.: Wirkungspfad Boden - Nutzpflanze

Eine Übersicht der Ergebnisse der Laboranalysen und der Boden-Grenzwerte zeigen Tabelle 4 und Abbildung 4.

Probe Nr	Beschreibung der Probe	Kürzel	Bor mg/kg	Eisen mg/kg	Kalium mg/100g	Kupfer mg/kg	Magnesium mg/100g	Phosphor mg/100g	Zink mg/kg	Mangan mg/kg	pH-Wert
1	Kompost aus Mischabfällen	Co Ort 1	2,36	82,7	246	64,1	81	422	204	32	8,7
2	Kompost aus Mischabfällen	Co Ort 2	2,45	97,6	232	53,4	85	436	199	37,3	8,7
3	Kompost aus Mischabfällen mit vielen Fäkalien aus Senkgruben (Latrinen)	Co 8 (Co+FF)	3,26	82,3	455	43,1	9	429	173	38,1	8,9
4	Kompost aus Mischabfällen mit Fäkalien aus Senkgruben (Latrinen) und Urin	Co 6 (Co+F)+U	2,67	76,2	336	66,7	96	695	199	41,1	8,4
5	Kompost aus Mischabfällen mit wenig Fäkalien aus Senkgruben (Latrinen)	Co 3 (Co+F)	2,3	111	203	52,5	95	575	212	37,4	8,5
6	Gartenerde mit erstem Jahr Komposteintrag	G + 1Co	0,501	131	24	9,8	12	42	33,8	21,8	6,4
7	Gartenerde mit drei Jahren Komposteintrag	G + 3Co	0,235	98,7	8	17,6	6	26	56,6	110	5,9
8	Gartenerde mit Kuhmist	G + Kuh	<0,1	124	4	6,25	4	20	18,8	17,9	4,7
10	Gartenerde ohne Kompost	G	0,174	75,1	11	12	8	24	42,2	39,4	5,8
	Grenzwerte / Richtwerte										
	BioAbfV - § 4(3) bis 20t/(ha·3a)					100			400		
	BioAbfV - § 4(3) bis 30t/(ha·3a)					70			300		
	Land min		0,15	100	2	0,8	2	3	1	3	
	Land max		0,7		25	2,5	6	12	3	50	

Tabelle 3: Analyse-Ergebnisse zu Bodennährstoffen (alle Messwerte sind auf Trockenmasse (TS) bezogen)
Umrechnung: 1mg/100g = 0,1%TS (Beispiel Kalium 246mg/100g = 24,6% TS) // 1mg/1kg = 0,0001%TS

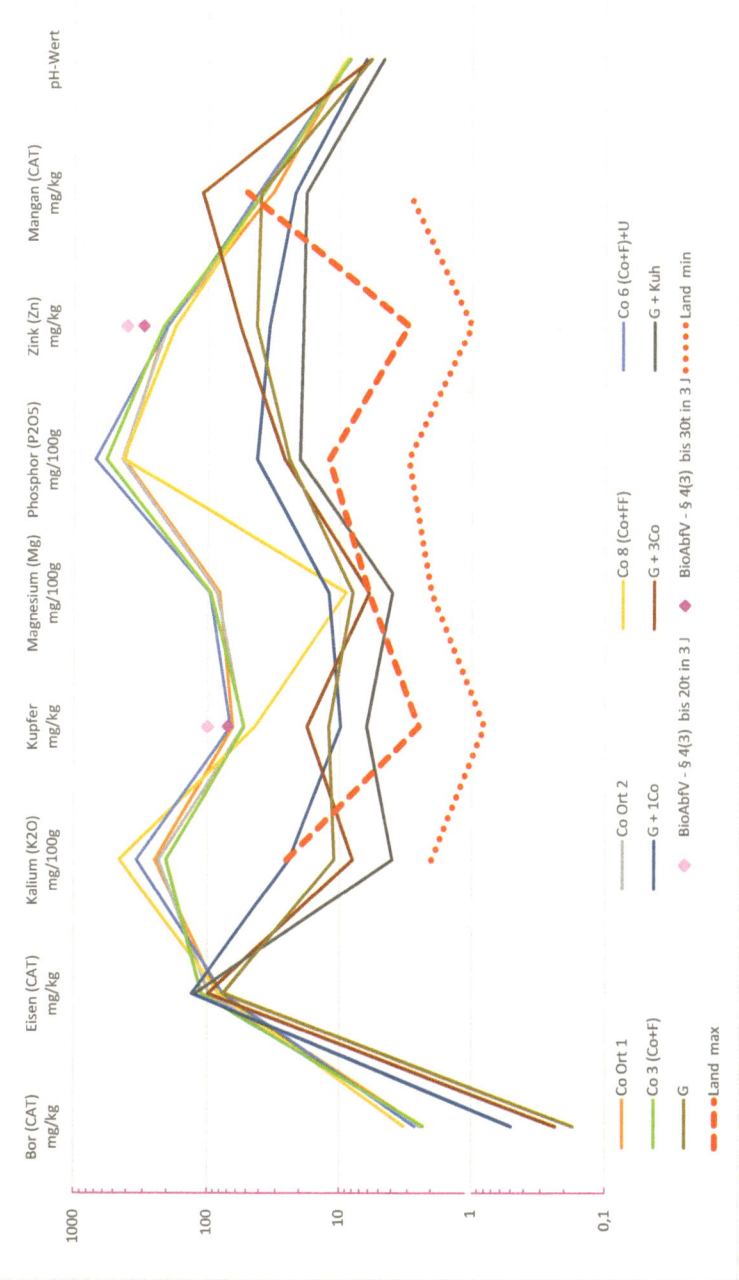

Abbildung 3: Darstellung der Analyse-Ergebnisses zu den der Bodennährstoffen (alle Messwerte sind auf Trockenmasse (TS) bezogen)

Probe Nr	Beschreibung der Probe	Kürzel	Arsen mg/kg	Aluminium mg/kg	Blei mg/kg	Chrom mg/kg	Cadmium mg/kg	Kupfer mg/kg	Nickel mg/kg	Quecksilber mg/kg	Thallium mg/kg
1	Kompost aus Mischabfällen	Co Ort 1	0	13800	35,5	28,6	0,47	64,1	11,9	0,03	0,16
2	Kompost aus Mischabfällen	Co Ort 2	0	11700	26,1	26,2	0,32	53,4	11,4	0,03	0,18
3	Kompost aus Mischabfällen mit vielen Fäkalien aus Senkgruben (Latrinen)	Co 8 (Co+FF)	0	10900	28,2	26,8	0,25	43,1	12,3	0,03	0,13
4	Kompost aus Mischabfällen mit Fäkalien aus Senkgruben (Latrinen) und Urin	Co 6 (Co+F)+U	0	8870	46,8	22,1	0,41	66,7	10,2	0,05	0,1
5	Kompost aus Mischabfällen mit wenig Fäkalien aus Senkgruben (Latrinen)	Co 3 (Co+F)	0	12000	41,5	30,4	0,43	52,5	11,2	0,03	0,28
6	Gartenerde mit erstem Jahr Komposteintrag	G + 1Co	0,669	6660	16,5	10,1	0,0684	9,8	3,45	0,018	0,0421
7	Gartenerde mit drei Jahren Komposteintrag	G + 3Co	0,777	8650	21,2	14,8	0,0681	17,6	4,93	0,014	0,0659
8	Gartenerde mit Kuhmist	G + Kuh	0,503	5540	14,3	8,13	0,0657	6,25	2,25	0,014	0,0334
10	Gartenerde ohne Kompost	G	1	6230	26	13,8	0,0714	12	3,41	0,019	0,0441
	Grenzwerte / Richtwerte										
	BioAbfV § 4(3) bis 20t/(ha·3a)				150	100	1,5	100	50	1	
	BioAbfV § 4(3) bis 30t/(ha·3a)				100	70	1	70	35	0,7	
	BBodSchV Anhang 2		50		1200		20	1300	1900	2	15

Tabelle 4: Analyse-Ergebnisse zu Bodenschadstoffen (alle Messwerte sind auf Trockenmasse (TS) bezogen)

Abbildung 4: Darstellung der Analyse-Ergebnisses zu den der Bodennährstoffen (alle Messwerte sind auf Trockenmasse (TS) bezogen)

4 Auswertung und Diskussion der Analyseergebnisse

4.1 Auswertung und Diskussion der Nährstoffanalysen

Zur Beurteilung wurden unter anderem die Richtlinien für die Sachgerechte Düngung[1] herangezogen. Bei den Spurennährstoffen, zu ihnen zählen das Nichtmetall Bor und die (Schwer-) Metalle Eisen, Kupfer, Mangan, Molybdän und Zink, wird mehr eine Tendenz des Bedarfs beschrieben. Denn die Spurennährstoffe sind substanziell für die Pflanze wichtig, werden aber nur in geringen Mengen aufgenommen.

Tabelle 5: Bedarf an Spurennährstoffen verschiedener Pflanzen

	Bor (B)	Kupfer (Cu)	Mangan (Mn)	Molybdän (Mo)	Zink (Zn)
Erbse	0	0	++	+	0
Ackerbohne	+	+	0	+	+
Mais	0	0	+	+	++

0 niedriger Bedarf // + mittlerer Bedarf // ++ hoher Bedarf

4.1.1 Bor

Bor ist für Pflanzen ein lebenswichtiges Spurenelement. Es fördert ihr Wachstum durch stimulierende Wirkung auf die Zellteilung. Bor ist beispielsweise Bestandteil des Eiweißhaushaltes, des Kohlenhydratstoffwechsels und dient dem Aufbau von Zellwänden.

Die Borwerte liegen in den Proben 1-5 (Komposte) deutlich über dem Richtwert (Land max 3 fache, Land min 20 fache). Durch den Auftrag von Kompost kann der Boden mit dem notwendigen Bor angereichert werden.

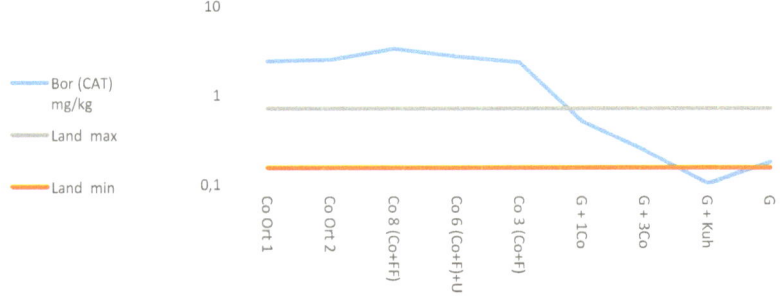

Abbildung 5: Bor-Konzentration der Proben und Vergleich mit Richtwerten

---

[1] Österreichisches Bundesministerium für Land- und Forstwirtschaft, Umwelt und Wasserwirtschaft: Richtlinien für die Sachgerechte Düngung - Anleitung zur Interpretation von Bodenuntersuchungsergebnissen in der Landwirtschaft, 6. Auflage, 2006, Seite 12, Abbildung 1

4.1.2 Eisen

Eisen ist für alle Pflanzen ein lebensnotwendiges Spurenelement und beeinflusst entscheidenden das Pflanzenwachstum und die Fruchterträge.[2] Der Richtwert für Eisen im Boden liegt bei 100 mg/kg, die Proben enthalten 70 – 130 mg/kg. Dieser wird bei einigen Proben überschritten.

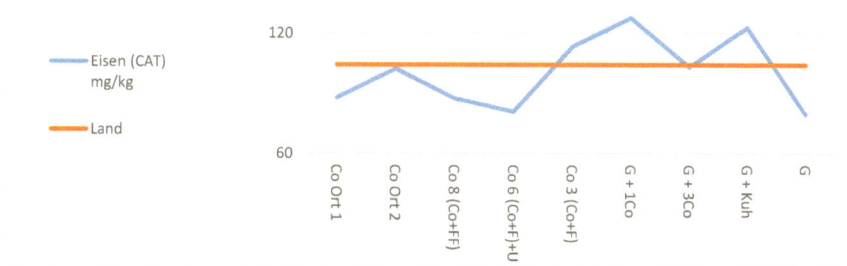

Abbildung 6: Eisen-Konzentration der Proben und Vergleich mit Richtwerten

4.1.3 Kalium

Pflanzen benötigen Kalium zur Regulierung des Wasserhaushaltes, der Zellwandbildung und der Photosynthese benötigt. Ein Mangel stört das Wachstum; Blätter erschlaffen oder verwelken.

Für die Ackerbohne wird bei einem mittleren erwarteten Ertrag eine Empfehlung für die Kaliumdüngung von 120 kg/ha[3] (12 g/m²) gegeben. Um das Düngeziel von 12g/m² Kalium zu erreichen müssten etwa 40 kg/m² TS bzw. 80 kg/m² FS verteilt werden. Dies wäre eine übermäßige Beschickung von anderen Nähr- und Spurenstoffen eine Beschickung von Kompost 20 t/ha (2 kg/m²) empfohlen wird.[4]

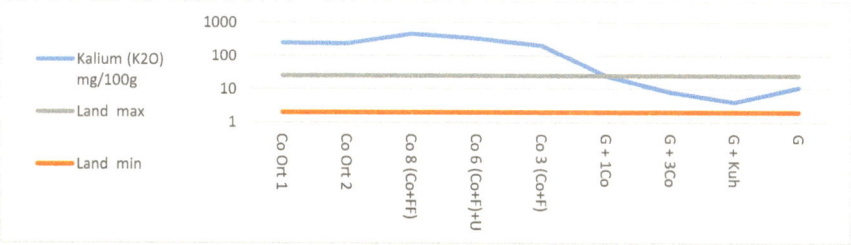

Abbildung 7 – Kalium-Konzentration der Proben und Vergleich mit Richtwerten

Es ist sinnvoller durch Kompost eine Bodenverbesserung vorzunehmen (siehe auch Nährstoffbindung und Wasserregulierung durch Humus) und gezielt der angebauten Nutzpflanze mit Düngemittel ergänzend zu

---

[2] www.boden-fachzentrum.de/bodenqualitaet/boden-naehrstoffe/bodennaehrstoff-eisen (01.12.2016)
[3] Österreichisches Bundesministerium für Land- und Forstwirtschaft, Umwelt und Wasserwirtschaft: Richtlinien für die Sachgerechte Düngung - Anleitung zur Interpretation von Bodenuntersuchungsergebnissen in der Landwirtschaft, 6. Auflage, 2006, Seite 47, Tabelle 45
[4] Düngeziel von 12g/m² Kalium bei einem Kaliumgehalt 0,3 g/kg im Kompost (Durchschnittswert TS)
   12/0,3[kg/m²] = 40 kg/m² TS bzw. 80 kg/m² FS, Beschickungsempfehlung für Landbau außerhalb der tropischen Klimate

düngen. Alternativ kann der Kaliumgehalt in dem Kompost durch Beimischen von Fäkalien aus Senkgruben (Latrinen) und Urin gesteigert werden (Proben 3-4)

4.1.4 Kupfer

Für Pflanzen ist Kupfer ein lebensnotwendiges Spurenelement. Kupfer wird für die Photosynthese und für viele andere wichtige Stoffwechselvorgänge benötigt.[5] In zu hohen Konzentrationen wirkt es aber Wurzel- und Blattschädigend. Daher kann Kupfer auch als Bodenschadstoff eingeordnet werden.

Die Kupferkonzentration in den Proben liegt deutlich über den Richtwerten. Durch den Auftrag von Kompost kann der Boden mit dem erforderlichen Kupfer angereichert werden.
Bei den Proben 1 – 5 sind die Grenzwerte fast erreicht. Diese Komposterden sollten nur in den vorgegebenen Mengen der BioAbfV aufgebracht werden.

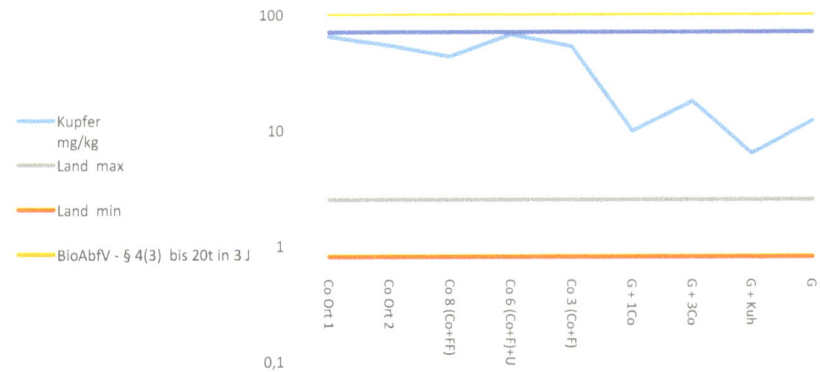

Abbildung 8 - Kupfer-Konzentration der Proben und Vergleich mit Grenz- bzw. Richtwerten

---

4.1.5 Magnesium

Magnesium dient der Bildung des Chlorophylls und für die Photosynthese. Bis zu 30 % des in Pflanzen enthaltenden Magnesiums sind im grünen Blattfarbstoff Chlorophyll enthalten. Ein Magnesiummangel führt bei Pflanzen zu verschiedensten Stoffwechselstörungen und Mangelerkrankungen.[6]

Die Proben 1+2 sowie 4+5 liegen deutlich über dem Richtwert von 6 mg/kg. Sie eignen sich zur Magnesiumanreicherung im Garten und Ackerboden.

Abbildung 9: Magnesium-Konzentration der Proben und Vergleich mit Richtwerten

4.1.6 Mangan

Mangan ist in Pflanzen bei der Aktivierung von Enzymen beteiligt. So ist Mangan unter anderem an der Fotosynthese und Chlorophyllbildung, am Eiweiß- und Kohlenhydratstoffwechsel und an der Synthese von Vitamin C beteiligt.[7]

Der Mangangehalt in den Proben liegt über der dem Richtwert bei dem eine Mangandünung notwendig wird (Land min). Fast alle Proben haben eine optimale Mangan Konzentration, nur die Probe 7 liegt über dem empfohlenen Richtwert (Land max). Der Kompost kann zur Manganversorgung in den Gärten und Feldern eingesetzt werden.

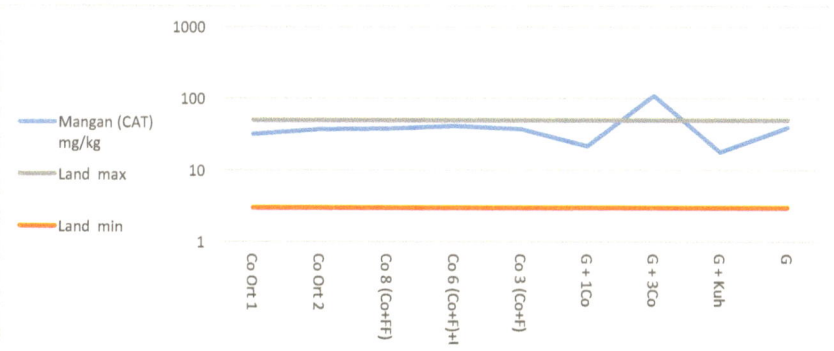

Abbildung 10: Mangan-Konzentration der Proben und Vergleich mit Richtwerten

---

[6] www.boden-fachzentrum.de/bodenqualitaet/boden-naehrstoffe/bodennaehrstoff-magnesium (01.12.2016)
[7] Bayerische Landesanstalt für Landwirtschaft: Hinweise für die Düngung mit Mangan (Hrsg.): Hinweise zur Düngung mit Mangan, 2003

4.1.7 Phosphor

Phosphor wird von der Pflanze in Form von Phosphat (P_2O_5) aufgenommen und ist u. a. bedeutsam für die Zellfunktionen sowie für den Aufbau der Zellmembran. Phosphor ist an allen Stoffwechselprozessen in der Pflanze beteiligt. Eine ausreichende Versorgung der Pflanze mit Phosphor gewährleistet eine höhere Resistenz gegenüber Krankheiten.

Für die Ackerbohne wird bei einem mittleren erwarteten Ertrag eine Empfehlung für die Phosphordünung von 65 kg/ha[8] (6,5 g/m²) gegeben. Um das Düngeziel von 6,5 g/m² Phosphor zu erreichen müssten etwa 13 kg/m² TS bzw. 26 Kg/m² FS verteilt werden. Dies wäre eine übermäßige Beschickung von anderen Nähr- und Spurenstoffen da eine Beschickung von Kompost 20 t/ha (2kg/m²) empfohlen wird.[9]

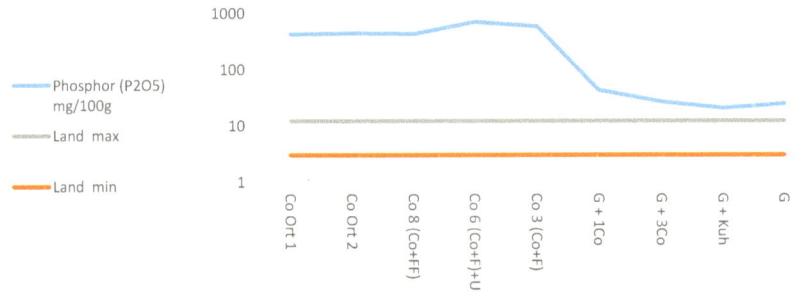

Abbildung 11: Phosphor-Konzentration der Proben und Vergleich mit Richtwerten

4.1.8 Zink

Zink steuert in der Pflanze wichtige Stoffwechselvorgänge wie die Proteinsynthese und Photosynthese. Wachstumsstörungen („Zwergwuchs"), weiße Verfärbungen am Blätterrand oder abgestorbene Blattteile können Anzeichen eines Zinkmangels sein.[10]

Wie Abbildung 12 zeigt, liegen die Zinkkonzentrationen der Proben deutlich über den Richtwerten. Mit denm Auftrag von Kompost kann der Boden mit dem erforderlichen Zink angereichert werden. Generell enthalten sandige Böden weniger Zink als Tonböden, daher eignet sich der Kompost sehr gut zur Zinkdünung. Bei den Proben 1 – 5 sind die Zinkkonzentrationen erhöht aber noch deutlich unter den Grenzwerten zur Aufbringung nach BioAbfV.

---

[8] Österreichisches Bundesministerium für Land- und Forstwirtschaft, Umwelt und Wasserwirtschaft: Richtlinien für die Sachgerechte Düngung - Anleitung zur Interpretation von Bodenuntersuchungsergebnissen in der Landwirtschaft, 6. Auflage, 2006, Seite 34, Tabelle 30

[9] Düngeziel von 6,5g/m² Phosphor bei einem Phosphorgehalt 0,3 g/kg im Kompost (Durchschnittswert TS) 6,5/0,5[kg/m^2] = 13 kg/m² TS bzw. 26 kg/m² FS

[10] www.boden-fachzentrum.de/bodenqualitaet/boden-naehrstoffe/bodennaehrstoff-zink (01.12.2016)

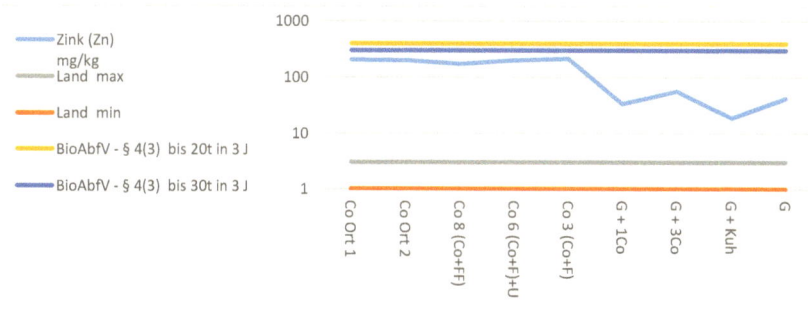

Abbildung 12: Zink-Konzentration der Proben und Vergleich mit Grenz- und Richtwerten

4.1.9   pH-Wert

In Gartenböden beeinflusst der pH-Wert die Verfügbarkeit von Mineralstoffen und Spurenelementen.[11] Beispielsweise kann ein Boden, je nach pH-Wert, mehr oder weniger Stickstoff aufnehmen. Die die Verfügbarkeit von Bor, Eisen, Mangan, Kupfer und Zink nimmt mit sinkendem pH-Wert zu, da die Bindungen der Metalle zu anderen Bodenbestandteilen im sauren Milieu schwächer sind. Calcium, Magnesium und Stickstoff sind bei neutralen pH-Werten am besten verfügbar.[12]

Für Böden liegt der optimale pH-Wert zwischen 6 – 7 [13]. In stark sauren Böden gedeihen die für die Bodenfruchtbarkeit ebenfalls wichtigen Bodenmikroorganismen schlecht.[14]

Die frisch gemischten Proben (1-5) weißen noch einen leicht basischen pH-Wert auf. Durch die Ausbringung wirkt er der Versauerung der Böden vor. Auch mildert er die Versauerungswirkung durch Kunstdünger ab. Die Proben von älteren gemischten Erden zeigen eine Abnahme des pH-Wertes. Ein günstiger pH-Wert für die Ackerbohne liegt zwischen 5,3 – 7.[15]

4.1.10   Stickstoff

Stickstoff wird von Pflanzen für das Wachstum von Trieben und Blättern benötigt und ist u. a. Baustein von Eiweiß und Chlorophyll. Pflanzen nehmen Stickstoff aus dem Boden in Form von Nitrat (NO_3^-) und in geringerem Umfang auch als Ammonium (NH_4^+) auf. Nitrat ist im Bodenwasser gelöst und gelangt daher frei zur Wurzel der Pflanze. Ammonium ist an Tonmineralien und am Humus gebunden, sodass es der Pflanze erst in Wurzelnähe zur Verfügung steht.

---

[11] www.mala-mas.com/moy-yt28699o-/Spurenelemente-Pflanzen.html (02.11.2016)
[12] www.boden-fachzentrum.de/bodenqualitaet/boden-naehrstoffe/bodennaehrstoff-ph-wert
[13] Österreichisches Bundesministerium für Land- und Forstwirtschaft, Umwelt und Wasserwirtschaft: Richtlinien für die Sachgerechte Düngung - Anleitung zur Interpretation von Bodenuntersuchungsergebnissen in der Landwirtschaft, 6. Auflage, 2006, Seite 12, Abbildung 1
[14] http://www.boden-fachzentrum.de/bodenqualitat/boden-naehrstoffe/bodennaehrstoff-ph-wert - Landwirtschaftskammer Nordrhein-Westfalen, „Düngeempfehlungen für den Hausgarten"
[15] Österreichisches Bundesministerium für Land- und Forstwirtschaft, Umwelt und Wasserwirtschaft: Richtlinien für die Sachgerechte Düngung - Anleitung zur Interpretation von Bodenuntersuchungsergebnissen in der Landwirtschaft, 6. Auflage, 2006, Seite 14, Tabelle 7

Den Proben aus Mosambik konnte der Stickstoffgehalt wie erwähnt nicht gemessen werden, dass die Proben dazu frisch und gekühlt transportiert werden müssen. Deshalb sollte vor Ort eine Stickstoffanalyse vorgenommen werden, damit eine genaue Aussage getroffen werden kann. Zu erwarten sind Werte zwischen 3,2 %TS (Durchschnitt Biokompost in Hessen [16]) bzw. 1,3 %TS (Durchschnitt Hausmüllkompost Rabat[17]).

Für die Ackerbohne wird bei einem mittleren erwarteten Ertrag eine Empfehlung für die Stickstoffdüngung bis zu 60 kg N/ha[18] (6 g/m²) gegeben. In einem Kompost mit einem Stickstoffanteil von 1,3 %TS sind in 1,3 g/kg Stickstoff im Kompost enthalten. Um das Düngeziel von a) 3 g/m² bzw. b) 6 g/m² Stickstoff zur erreich müssten: a) 2,3 kg/m² TS bzw. 4,6 kg/m² FS [19] b) 4,6 kg/m² TS bzw. 9,2 kg/m² FS [20] ausgebracht werden. Auch dies wäre eine übermäßige Beschickung mit anderen Nähr- und Spurenstoffen, da außerhalb der tropischen Klimazonen eine Beschickung von 2 kg/m² (20 t/ha) Kompost empfohlen wird.

4.1.11 Fazit der Auswertung und Diskussion der Nährstoffanalysen

Grundsätzlich kann der gewonnene Kompost aus Siedlungsabfällen zur Verbesserung und Angleichung der Nährstoffe im Garten- und Ackerbau eingesetzt werden. Deutlich zu erkennen sind die hohen Konzentrationen an Bodennährstoffen in den frisch angesetzten Komposten (Proben 1-5). Durch Aufbringen (1 – 2 cm Kompost) und Einarbeiten (Hacken, 5 – 10 cm Tief) wird der Kompost mit der Acker- und Gartenerde gemischt. Der Boden erreicht dann eine Konzentration von 20 – 10 % der Nährstoffgehalte vom frischen Kompost.

Die Proben 6 - 10 haben deutlich niedrigere Konzentrationen. Sie bestehen hauptsächlich aus Gartenboden, in den schon Kompost eingebracht wurde. Durch Aufbringen von Kompost kann hier der Nährstoffgehalt wieder angehoben oder erhalten werden.

Die Nährstoffe Kalium und Phosphor sind in hohen Konzentrationen in den Proben 3, 4 und 5 enthalten. Hier wurden dem Kompost Fäkalien beigemischt, was zu einer Steigerung der wichtigen Nähstoffe führt. Wichtig ist, dass vor Ort geeignete Maßnahmen zum Hygienisieren des Komposts ergriffen werden, bevor er auf Acker- und Gartenland aufgebracht wird. Eine Landwirtschaftliche Beratung zur ergänzenden Düngung unter Berücksichtigung der Entzugsmengen durch die unterschiedlichen Nutzpflanzen ist sehr zu empfehlen.

Alle gemessenen Bodennährstoffe unterschreiten die Grenzwerte der Bioabfallverordnung § 4 (3) bzw. liegen in den in Deutschland geltenden Richtwerten.

Das Aufbringen von Kompost wirkt der Versauerung der Böden durch Kunstdünger entgegen, da Kompost einen pH-Wert zwischen 8,5 – 8,7 besitzt. Das Einbringen von Kompost führt dem Boden organische Substanz zu indem es den Humusgehalt im Boden zu erhöht und gleicht somit zu einem Teil die kontinuierlicher

---

[16] Landesbetrieb Landwirtschaft Hessen & Landesbetrieb Hessisches Landeslabor: Hessische Richtlinien zur Ableitung von Düngeempfehlungen aus Bodenuntersuchungen, 2. Überarbeitete Auflage, 2013, Seite 40

[17] El Edghiri, Tarek: Untersuchung geeigneter Strategien zur biologischen Behandlung städtischer Hausabfällen in Schwellenländern – Fallbeispiel Marokko, Dissertation am Fachbereich Agrarwissenschaften, Fachgebiet Abfallwirtschaft und Altlasten der Universität Kassel, 2004, Seite 163 Tabelle 45

[18] Österreichisches Bundesministerium für Land- und Forstwirtschaft, Umwelt und Wasserwirtschaft: Richtlinien für die Sachgerechte Düngung - Anleitung zur Interpretation von Bodenuntersuchungsergebnissen in der Landwirtschaft, 6. Auflage, 2006 Seite 24, Tabelle 22

[19] Um das Düngeziel von 3g/m² bei 1,3 g/kg Stickstoff im Kompost zu erreichen sind 3/1,3[kg/ m²]= 2,3 kg/m² TS Kompost aufzubringen entsprechend4,6 kg/m² FS Kompost (bei Bioabfallkompost mit Wassergehalt von 50%).

[20] Um das Düngeziel von 6g/m²bei 1,3 g/kg Stickstoff im Kompost zu erreichen sind 6/1,3[kg/ m²] = 4,6 kg/m² TS Kompost aufzubringen entsprechend 9,2 kg/m² FS Kompost (bei Bioabfallkompost mit Wassergehalt von 50%).

Humusmineralisierung aus. Die Quantität dieses Teils bleibt zu untersuchen. In der Humusschicht werden die Nährstoffe absorbiert und pflanzenverfügbar gehalten. Seine Erhöhung schafft Potenzial zur Nährstoffanreicherung und bietet die Grundlage gezielter Düngung mit mineralischen oder organischen Düngemitteln. Auch wird die Wasserspeicherkapazität durch den Humusaufbau in den sandigen Böden verbessert. Die Auswaschung von Mineral- und Nährstoffen aus dem Boden wird verringert.

Ein höherer Humusgehalt steigert die Aktivität von Mikroorganismen im Boden. So können beispielsweise durch verstärkte Mykorrhiza-Tätigkeit mehr Phosphor im Boden mobilisiert und von den Pflanzen aufgenommen werden.[21] Die höhere Produktivität auf den Gartenflächen des Internats scheint dies zu bestätigen.

Zusammenfassend ist festzustellen, dass insbesondere auf sandigen Böden wie im Umland von Beira mit Kompost eine produktivitätssteigernde Bodenverbesserung erzielt werden kann

- Es wird eine bessere Nährstoff- und Mineralstoffversorgung im Boden erreicht. Dies führt zu Einsparungen von ergänzend nötigen Düngemitteln.
- Es wird eine humusartige Struktur aufgebaut und damit die Verfügbarkeit von Nährstoffen verbessert. Zudem wird die Bodenfeuchte auf sandigen Böden nachhaltig gestärkt.
- Eine für den Pflanzenbau empfohlene mineralische Düngung kann effizient zum Einsatz gebracht werden.

---

[21] Kotschi, Johannes: Negative Auswirkungen von Mineraldüngern in der tropischen Landwirtschaft, WWF Studie, 2013

4.2 Auswertung und Diskussion der Schadstoffanalysen

Einige Schwermetalle wie Kupfer und Chrom sind für Menschen und Pflanzen in Spuren lebenswichtig. Höher konzentriert wirken sie jedoch toxisch. Andere Schwermetalle wie Blei und Quecksilber wirken stets toxisch indem sie beispielsweise das Nervensystem schädigen. Die meisten Schwermetalle reichern sich im Körper an. Eine erhöhte Schwermetallaufnahme wirkt additiv und macht sich daher erst zeitversetzt negativ bemerkbar.[22] Bei einem Überschreiten der jeweiligen Boden-Grenzwerte können Schwermetalle die Gesundheit von Pflanzen und Tieren gefährden.

4.2.1 Arsen

Unbelastete Böden enthalten im Mittel 6 mg Arsen /kg[23]. Es gibt auch natürlich erhöhte Arsengehalte von bis zu 20 mg As /kg (Bsp. Südbayern). Diese Werte sind zunächst unproblematisch, da Arsen im Boden gebunden und schwer mobilisiert wird[24]. Der Grenzwert von Arsen im Boden liegt bei 50 mg/kg (BBodSchV - Anhang 2). Die untersuchten Böden liegen deutlich (< 0,1 mg/kg) unter dem Grenzwert. Arsen wird von den Pflanzen über die Wurzeln relativ schnell aufgenommen und eingelagert. Hohe Arsenkonzentrationen wirkend Wachstumshemmend auf die Pflanze[25]. Der Mensch nimmt Arsen meist über den Magen-Darm-Trakt (80%) und über die Lunge (10 %) auf. Bei längerer hoher Dosierung kann es u Schädigung der Haut und Leber führen. 3 g reines Arsen sind tödlich[26]

Der Grenzwert von Arsen im Boden liegt bei 50 mg/kg und wird bei allen Proben mehr als deutlich unterschritten.

Abbildung 13: Arsen-Konzentration der Proben und Vergleich mit dem Grenzwert

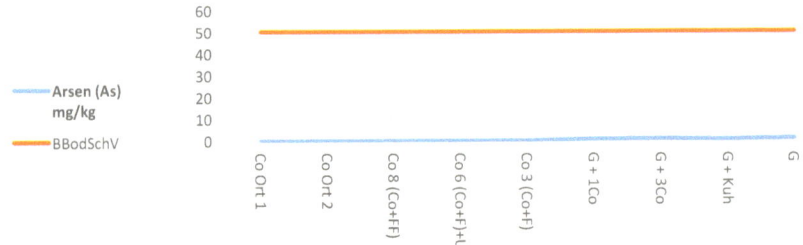

4.2.2 Blei

Blei ist, wie bereits erwähnt, weder für Pflanzen noch für Menschen und Tiere als Spurenelement essentiell, sondern stets toxisch. Blei wird im Oberboden gebunden und reichert sich dort an. Nur in geringem Maße wird es von dort ausgewaschen oder in tieferer Bodenschichten verlagert. Somit ist Blei sehr immobil und wird daher von Pflanzen nur in geringen Mengen aufgenommen.[27]

Blei wird heute noch unter anderem in Batterien, Farben und Legierungen verwendet. Blei kann durch die Hausfeuerung und die Müllverbrennung imitieren. Auf landwirtschaftlich genutzten Böden sind allerdings

[22] http://www.boden-fachzentrum.de/bodenqualitaet/schadstoffe-im-boden/schwermetalle-im-boden
[23] Taschenatlas Toxikologie (2009) Hrsg Franz-Xaver Reichl – S. 162 As
[24] Bayerisches Landesamt für Umwelt: www.lfu.bayern.de/boden/geogene_belastungen/arsen_geogen/index.htm (15.11.2016)
[25] Wirkung ausgewählter Schadstoffe - www.umweltbundesamt.at (29.11.2016)
[26] Taschenatlas Toxikologie (2009) Hrsg Franz-Xaver Reichl – S. 162 Arsen (As)
[27] Schadstoffe im Boden (1997) Jörg Lewandowski – S. 103 - 106

aufgebrachter Wirtschafts- und Mineraldünger oder Klärschlammen weitere relevante diffuse Eintragsmöglichkeiten.[28] Blei wirkt schon in kleine Mengen toxisch auf den Organismus des Menschen. Es führt zu Bleikoliken, neurologischen Symptome wir u.a. Schlaflosigkeit und Aggressivität, Bleisaum an den Zähnen und Schädigung des Zentralen Nervensystems.[29]

Der Grenzwert von Blei im Boden liegt bei 100 – 1.200 mg/kg (siehe Tabelle 4) und wird bei allen untersuchten Böden unterschritten (siehe Tabelle 4 und Abbildung 10).

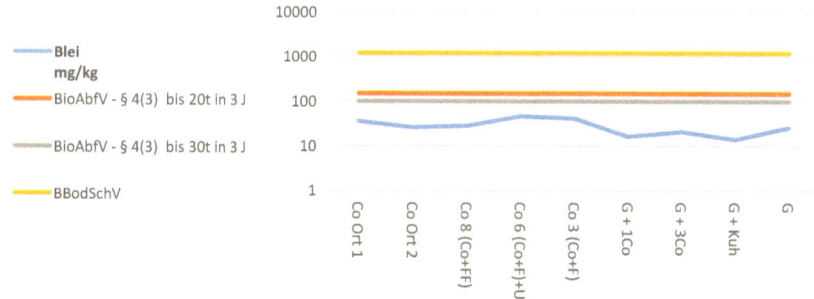

Abbildung 14: Blei-Konzentration der Proben und Vergleich mit Grenz- bzw. Richtwerten

4.2.3 Cadmium

In geringen Konzentrationen kommt es in unterschiedlichen Verbindungen vor, die teils gut wasserlöslich sind. In Form von Oxid bzw. Sulfid ist es in Wasser nahezu unlöslich. Ungefähr 60 % des Cadmiumbedarfs werden für verschiedene Legierungen (z. B. Korrosionsschutz) eingesetzt. Der Rest wird hauptsächlich für die Herstellung von Trockenbatterien, Bildröhren und Farbpigmenten genutzt[30].

Cadmium hat keine essenzielle biologische Funktion und wirkt hochgradig toxisch.[31] Es wird über die Wurzeln aufgenommen und in die Blätter umgelagert. Dort kommt es zu Chlorophyllmangel und in dessen volle zu Zellstreben (verbrennungsartige Blattschäden).

Der Mensch nimmt Cadmium meistens über die Lunge (50 %) (Bsp. Zigarettenrauch) oder den Magen-Darm-Trakt (5 %) auf. Akut kann es zu Fieber, Erbrechen und Lungenödem führen, langfristig schädigt es die Nieren und Atemwege. Es werden aber ca. 95 % der aufgenommenen Cadmiummenge vom Körper ausgeschieden.[32]

Der Grenzwert von Cadmium im Boden liegt bei 1,0 – 20 mg/kg, alle Proben unterschreiten diese Werte.

---

[28] Wirkung ausgewählter Schadstoffe - www.umweltbundesamt.at
[29] Taschenatlas Toxikologie (2009) Hrsg Franz-Xaver Reichl – S. 164 Blei (Pb)
[30] Wirkung ausgewählter Schadstoffe - www.umweltbundesamt.at und
    Taschenatlas Toxikologie (2009) Hrsg Franz-Xaver Reichl – S. 166 Cadmium (Cd)
[31] docplayer.org/29962390-Wirkung-ausgewaehlter-schadstoffe.html
[32] Wirkung ausgewählter Schadstoffe - www.umweltbundesamt.at

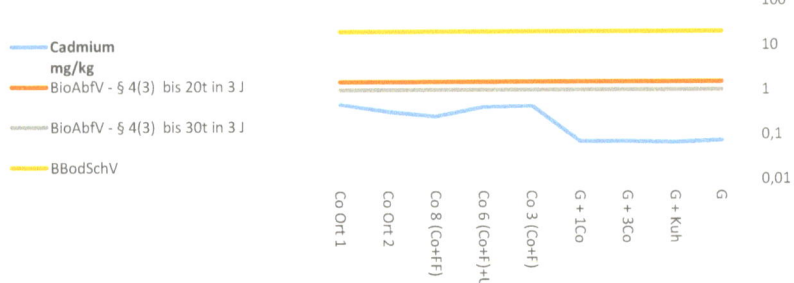

Abbildung 15: Cadmium-Konzentration der Proben und Vergleich mit Grenzwerten

4.2.4 Chrom

Chrom ist ein essentielles Element beim Menschen. Es ist u.a. für die Funktion des Stoffwechsels von Bedeutung. Aber auch hier gilt, bei zu hoher Konzentration wirkt Chrom toxisch im Körper und kann u.a. zu Asthma und Gastritis führen.[33]

Die Wirkung von Chrom auf Pflanzen ist noch nicht ausreichend untersucht. Meist wird Chrom nur in den Wurzeln gefunden. Zudem ist Chrom stark an Ton und Humuskomplexen gebunden und daher kaum pflanzenverfügbar.[34]

Der Grenzwert von Chrom im Boden liegt bei 70 – 100 mg/kg, somit liegen alle Proben deutlich unter dem Grenzwert.

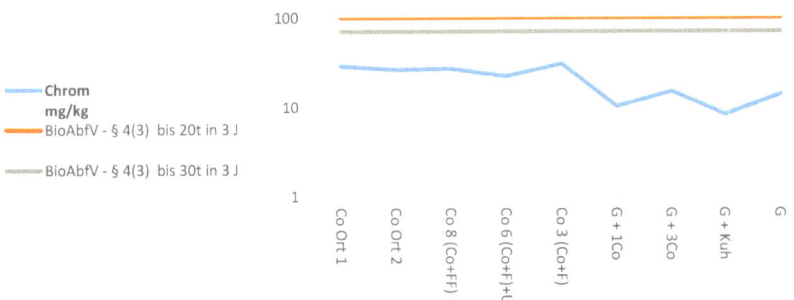

Abbildung 16: Chrom-Konzentration der Proben und Vergleich mit Grenzwerten

---

[33] Taschenatlas Toxikologie (2009) Hrsg Franz-Xaver Reichl – S. 168 Chrom (Cr)
[34] Wirkung ausgewählter Schadstoffe - www.umweltbundesamt.at

4.2.5 Kupfer

Von Menschen und Pflanzen wird Kupfer als Spurenelement benötigt. Der Mensch benötigt es zum Wachstum, Skelett- und Gefäßbildung. Es ist jedoch in sehr hohen gelösten Konzentrationen für den Menschen toxisch. Es kann zu Erbrechen, Zirrhose und Schwächung des Immunsystems kommen. Bei einer Kupferunterversorgung im Körper kommt es zu Störungen in der Blutbildung.[35] Gelöste Kupfersalze sind stark gewässerschädigend und wirken toxisch auf Bakterien, Algen und Krebse. Im Weinbau wird Kupfer als Fungizid eingesetzt. Pflanzen benötigen geringe Mengen an Kupfer für die Photosynthese.[36]

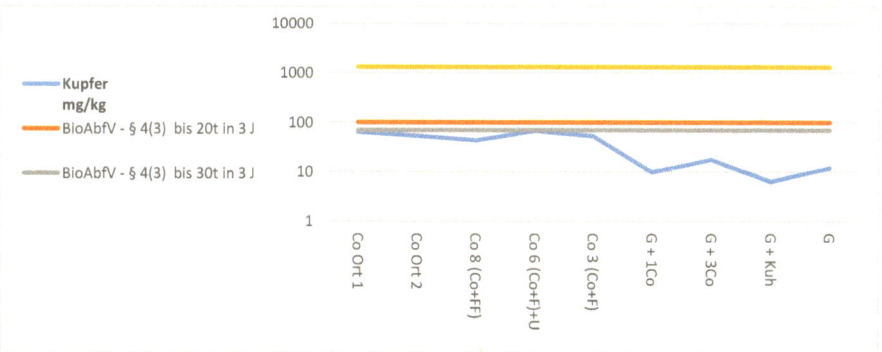

Abbildung 17: Kupfer-Konzentration der Proben und Vergleich mit Grenzwerten

4.2.6 Nickel

Nickel wird zum Größten Teil in der Stahlindustrie benötigt, kleine Mengen werden Geschirr oder Trockenbatterien verwendet. Der Mensch nimmt Nickel hauptsächlich über die Lunge auf, in kleinen Mengen aber auch über die Haut. Bei exponierten Personen (z.B. Stahlindustrie) kann es bei ständiger Inhalation von Nickel zu Reizungen der Schleimheute oder Asthmasymptome kommen.[37]

Pflanzen reagieren auf Bodenbelastungen mit Nickel mit Wachstumsstörungen infolge von Schäden an Zellmembranen und anderen Zellbausteinen. Einige Pflanzen können Nickel jedoch ungewöhnlich stark anreichern, ohne Schaden zu nehmen.[38]

Der Grenzwert von Nickel im Boden liegt bei 35 – 1.200 mg/kg und wird bei allen genommenen Proben unterschritten.

---

[35] Taschenatlas Toxikologie (2009) Hrsg Franz-Xaver Reichl – S. 172 Kupfer (Cu)
[36] Schadstoffe im Boden (1997) Jörg Lewandowski – S. 102 - 103
[37] Taschenatlas Toxikologie (2009) Hrsg Franz-Xaver Reichl – S. 174 Nickel (Ni)
[38] Schadstoffe im Boden (2013) http://www.boden-fachzentrum.de/

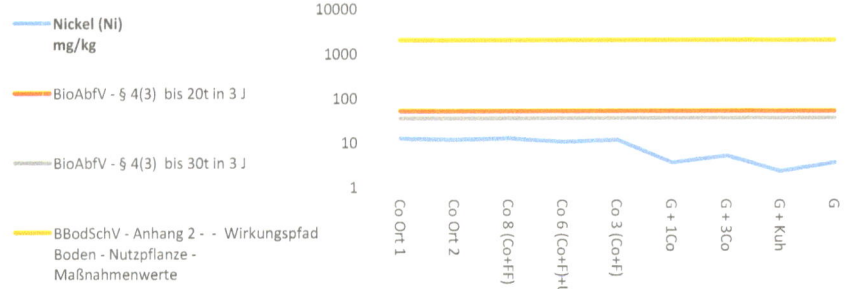

Abbildung 18 - Nickel-Konzentration der Proben und Vergleich mit Grenzwerten

4.2.7 Quecksilber

Quecksilber und seine Verbindungen, vor allem dampfförmiges Quecksilber, sind stark toxisch. Beim Menschen kommen es zu Entzündungen der Mundschleimhaut, leichte Erregbarkeit, Konzentrations- und Gedächtnisschwäche und schweren Nervenschäden.[39]

Die toxische Wirkung auf Pflanzen äußert sich in einem Mangel an Chlorophyll oder Zellsterben. Die Aufnahme und die Verlagerung von Quecksilber aus dem Boden sind generell sehr gering. Relativ viel Quecksilber aus dem Boden wird von Steinpilzen aufgenommen.[40]

Der Grenzwert von Quecksilber im Boden liegt bei 0,7 – 2 mg/kg und wird bei allen Proben deutlich unterschritten.

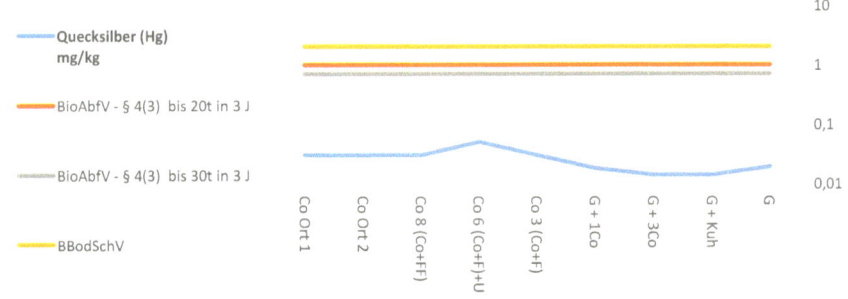

Abbildung 19: Quecksilber-Konzentration der Proben und Vergleich mit Grenzwerten

---

[39] docplayer.org/29962390-Wirkung-ausgewaehlter-schadstoffe.html (30.10.2016)
[40] Wirkung ausgewählter Schadstoffe - www.umweltbundesamt.at (17.11.2016)

4.2.8 Thallium

Es wird vor allem in der Elektroindustrie, in kleinen Mengen in Feuerwerk verwendet. Zudem wird es zur Bekämpfung tierischer Schädlinge (Ratten, Mäuse) eingesetzt. Der Mensch nimmt es zu 80 % über den Magen-Darm-Trakt auf wo es sich dann u.a. in Niere Kochen und Haaren einlagert. Bei einer Thalliumvergiftung kommt es zu Übelkeit und Durchfall, in schweren Fällen zu Schädigungen des Nervensystems.[41]

Thallium wird von den Pflanzen sehr unterschiedlich stark aufgenommen. Sorten wie Sellerie und Möhren nehmen keine nennenswerten Mengen auf. Dagegen wird von Brassicaceen wie Grünraps und Grünkohl ein Mehrfaches der Bodenkonzentration in der Pflanze akkumuliert.[42]

Der Grenzwert von Thallium im Boden liegt bei 15 mg/kg und wird bei allen Proben deutlich unterschritten.

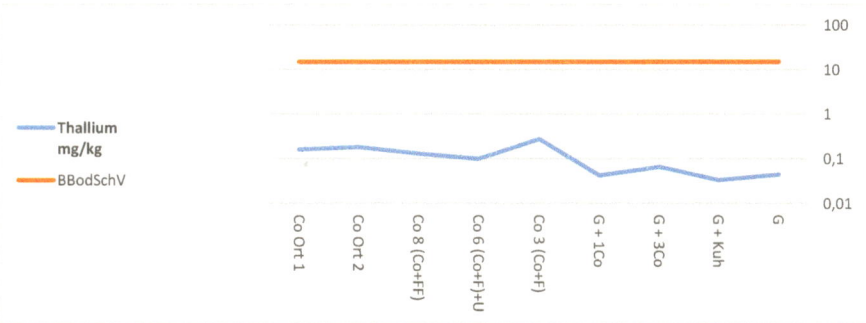

Abbildung 20: Thallium-Konzentration der Proben und Vergleich dem Grenzwert

4.2.9 Fazit der Auswertung und Diskussion der Schadstoffanalysen

Alle gemessenen Bodenschadstoffe liegen unter den Grenzwerten der Bioabfallverordnung §4 (3) bzw. der Bundesbodenschutzverordnung Anhang 2. Der Kompost kann daher zur Verbesserung der Acker- und Gartenbauflächen eingesetzt werden. Eine vorlaufende Kontrolle wird empfohlen.

---

[41] Taschenatlas Toxikologie (2009) Hrsg. Franz-Xaver Reichl – S. 178 Thallium (Tl)
[42] Universität Hohenheim (Hrsg.): Anbauempfehlungen für mit Thallium belastete Böden, 2002
    http://www.fachdokumente.lubw.baden-wuerttemberg.de/

5 Zusammenfassung

In der Küstenregion Mosambiks herrschen schwach entwickelte und humus- und nährstoffarme Böden vor. Aufgrund des geringen Wasserbindevermögens kann der eingesetzte mineralische Kunstdünger schlecht gespeichert werden. Gesammelte Mischabfälle weisen einen organischen Anteil auf und eignen sich daher potenziell nach einer Kompostierung als Bodenverbesserungsmittel. Durch den Einsatz eines derart aufbereiteten und geprüften Substrates können die Böden kontinuierlich verbessert, der Bedarf von Kunstdüngern verringert und ein Beitrag zum Grund- und Gewässerschutz geleistet werden.

Im Rahmen dieses Forschungsprojektes wurde zunächst der Nährstoff- und Schadstoffgehalt im Kompost aus gesammelten Mischabfällen untersucht und dann der Nutzen als Bodenverbesserungsmittel (durch enthaltene Nährstoffe) sowie das Risiko für eine Bodenkontamination der Anbauflächen (durch enthaltende Schadstoffe) beurteilt.

Grundsätzlich kann der gewonnene Kompost aus Siedlungsabfällen zur Verbesserung und Angleichung der Nährstoffe im Garten- und Ackerbau eingesetzt werden. Deutlich zu erkennen sind die hohen Konzentrationen an Bodennährstoffen in den frisch angesetzten Komposten (Proben 1-5). Durch Aufbringen (1 – 2 cm Kompost) und Einarbeiten (Hacken, 5 – 10 cm Tief) wird der Kompost mit der Acker- oder Gartenerde gemischt. Der Boden erreicht dann eine Konzentration von 20 – 10 % der Nährstoffgehalte vom frischen Kompost. Bei dem Kompost, dem Fäkalien beigemischt wurden, kommt es zu einer Steigerung der wichtigen Nähstoffe. Wichtig ist, dass vor Ort geeignete Maßnahmen zum Hygienisieren des Komposts ergriffen werden, bevor er auf Acker- und Gartenland aufgebracht wird. Die untersuchten Kompost- und Bodenproben weisen keinen hohen Gehalt an Bodenschadstoffen auf. Eine Landwirtschaftliche Beratung zur ergänzenden Düngung unter Berücksichtigung der Entzugsmengen durch die unterschiedlichen Nutzpflanzen ist sehr zu empfehlen.

Das Aufbringen von Kompost wirkt der Versauerung der Böden durch Kunstdünger entgegen, da Kompost einen pH-Wert zwischen 8,5 – 8,7 besitzt. Das Einbringen von Kompost führt dem Boden organische Substanz zu, schafft einen Ausgleich zu kontinuierlicher Humusmineralisierung und bietet die Möglichkeit, den Humusgehalt im Boden zu erhöhen. In der Humusschicht werden die Nährstoffe absorbiert und pflanzenverfügbar gehalten. Seine Erhöhung schafft Potenzial zur Nährstoffanreicherung und bietet die Grundlage gezielter Düngung mit mineralischen oder organischen Düngemitteln, so dass insgesamt eine produktivitätssteigernde Bodenverbesserung erzielt werden kann. Auch wird die Wasserspeicherkapazität durch den Humusaufbau in den sandigen Böden verbessert. Die Auswaschung von Mineral- und Nährstoffen aus dem Boden wird verringert.

- Es wird eine bessere Nährstoff- und Mineralstoffversorgung im Boden erreicht.
- Es wird eine humusartige Struktur aufgebaut und damit die Verfügbarkeit von Nährstoffen verbessert. Zudem bleibt die Bodenfeuchte auf sandigen Böden länger erhalten.
- Eine für bestimmte Pflanzungen notwendige mineralische Düngung kann effizient zum Einsatz gebracht werden.
- Der bisher produzierte Kompost ist aufgrund seiner geringen Schadstoffgehalte für eine Verwertung im Gartenbau und in der Landwirtschaft zu empfehlen.
- Durch Etablierung einer getrennten Sammlung von Bioabfall besteht die Chance belastende Schadstoffe vom Kompostrohstoff fernzuhalten.

6 Quellenverzeichnis

Österreichisches Bundesministerium für Land- und Forstwirtschaft, Umwelt und Wasserwirtschaft: Richtlinien für die Sachgerechte Düngung - Anleitung zur Interpretation von Bodenuntersuchungsergebnissen in der Landwirtschaft, 6. Auflage, 2006

https://www.boden-fachzentrum.de/bodenqualitaet/boden-naehrstoffe/ (01.12.2016)

www.boden-fachzentrum.de/lexikon/bodenbelastung-durch-kupfer (22.11.2016)

Bayerische Landesanstalt für Landwirtschaft: Hinweise für die Düngung mit Mangan (Hrsg.): Hinweise zur Düngung mit Mangan, 2003

Landesbetrieb Landwirtschaft Hessen & Landesbetrieb Hessisches Landeslabor: Hessische Richtlinien zur Ableitung von Düngeempfehlungen aus Bodenuntersuchungen, 2. Überarbeitete Auflage, 2013

El Edghiri, Tarek: Untersuchung geeigneter Strategien zur biologischen Behandlung städtischer Hausabfällen in Schwellenländern – Fallbeispiel Marokko, Dissertation am Fachbereich Agrarwissenschaften, Fachgebiet Abfallwirtschaft und Altlasten der Universität Kassel, 2004,

Kotschi, Johannes: Negative Auswirkungen von Mineraldüngern in der tropischen Landwirtschaft, WWF-Studie, 2013

Reichl, Franz-Xaver (Hrsg.): Taschenatlas Toxikologie, 2009, Verlag Thieme

Bayerisches Landesamt für Umwelt: www.lfu.bayern.de/boden/geogene_belastungen/arsen_geogen/index.htm (15.11.2016)

Lewandowski, Jörg; Leitschuh, Stephan; Koß, Volker: Schadstoffe im Boden, 1997, Springer Verlag

Universität Hohenheim (Hrsg.): Anbauempfehlungen für mit Thallium belastete Böden, 2002